Bibliografische Information der Deutschen Nationalbibliothek:

Die Deutsche Bibliothek verzeichnet diese Publikation in der Deutschen Nationalbibliografie; detaillierte bibliografische Daten sind im Internet über http://dnb.d-nb.de/ abrufbar.

Impressum:

Druck und Bindung: Books on Demand GmbH, Norderstedt Germany
ISBN: 9783668488632

Dieses Buch bei GRIN:

http://www.grin.com/de/e-book/370314/praenatale-einfluesse-auf-die-physische-und-psychische-entwicklung-des

Isabel Farwerk

Pränatale Einflüsse auf die physische und psychische Entwicklung des Kindes

GRIN Verlag

Facharbeit

zum Thema

Pränatale Einflüsse auf die physische und psychische Entwicklung des Kindes

Inhalt

1 Einleitung und Fragestellung

Das Thema „Einflüsse der Frühförderung auf die Persönlichkeit" interessiert mich seitdem ich kleinere Cousinen habe, in der Kinder- und Jugendarbeit tätig bin und aufgrund eines Praktikums im Luisenhospital Einsichten in den gynäkologischen Operationsbereich hatte. Es ist sehr erstaunlich, wie sich jedes Kind von Geburt bezüglich Persönlichkeit und Körperbau unterscheidet. Daher möchte ich in meiner Facharbeit der Fragestellung nachgehen, welche Ursachen diese Unterschiede hervorrufen. Im Leistungskurs Biologie behandelten wir in den letzten Monaten die Themen "Neurophysiologie" und "Hormonsysteme" und im Leistungskurs Gesundheitswissenschaften wurden die Themen "Ernährung" und "Diabetes mellitus" besprochen. Diese Themen sind entscheidende Grundlagen für das Verständnis der vorgeburtlichen Einflüsse auf das Kind. Daher lautet das Thema meiner Facharbeit „Pränatale Einflüsse auf die physische und psychische Entwicklung des Kindes". Die Zusammenhänge werden im Laufe der Facharbeit ausführlich dargestellt und tragen maßgeblich zur Beantwortung der oben genannten Fragestellung bei.

2 Pränatale körperliche Entwicklung

2.1 Das erste Trimenon

Eine reguläre Schwangerschaft dauert 40 Schwangerschaftswochen (SSW). Sie wird in drei Trimester aufgeteilt. Das erste Trimenon beschreibt die Zeit von der Befruchtung bis zur zwölften Woche.[1] Nach der Befruchtung der Eizelle, teilen sich die Zellen. Zwölf bis 14 Tage nach der Zellverschmelzung nistet sich die befruchtete Eizelle (Zygote) in die Gebärmutterschleimhaut ein. Das ist der Beginn der embryonalen Phase. Innerhalb dieser Zeitspanne bilden sich Organe, wie Nieren, Leber und Organe des Verdauungstraktes, und die Entwicklung des Gehirns hat begonnen. Dieser Vorgang wir Organogenese genannt. Das ungeborene Kind wird Embryo genannt. Ab der vierten SSW ist ein Blutkreislauf zu erkennen. Ab der achten SSW ist ein verhältnismäßig großer Kopf mit Augen, Ohren, Nase und Mund zu erkennen. Zudem sind Ansätze für die Finger und Zehen vorhanden. Ab diesem Zeitpunkt können embryonale Bewegungen das erste Mal sonographisch dargestellt werden. Eine Woche später bilden sich die ersten Knochenzellen.[2]

2.2 Das zweite Trimenon

Das zweite Trimenon beschreibt die Entwicklung von der 13. bis zur 24. SSW. Ab der 13. Woche wird das ungeborene Kind als Fötus bezeichnet. Die Organe entwickeln sich weiter, der Fötus wächst. Die spezifischen fetalen Verhaltensmuster bilden

---

[1] B. Herpetz-Dahlmann Seite 90

[2] Gerd Mietzel Seite 74

sich weiter heraus, der Fötus nimmt an Gewicht zu und die Organe reifen vollständig aus. Im ersten Trimenon können um die sechste SSW Herzaktionen sonographisch nachgewiesen werden. Des Weiteren übt der Fötus gehäuft Atem-, Saug- und Schluckbewegungen aus. Schluckauf und Hand-/Gesicht-Kontakte werden zuerst häufiger durchgeführt und nehmen dann wieder ab. Es werden erste charakteristische Bewegungsmuster erkennbar. Diese sind den Bewegungen Früh- oder Neugeborener sehr ähnlich. Ab der 20. SSW ist es möglich, dass Erstgebärende den Fötus spüren. Es ist abhängig davon, ob die Schwangere beispielsweise an Adipositas leidet oder wo die Plazenta lokalisiert ist.[3] Die Plazenta dient der Nährstoffversorgung und Hormonsteuerung des ungeborenen Kindes. Die Verbindung zwischen Plazenta und Kind erfolgt über die Nabelschnur. Am Ende der 16. SSW wachsen vor allem die unteren Körperteile. Fünf Wochen später haben sich bereits Haut-, Finger- und Fußnägel gebildet.[4]

2.3 Das dritte Trimenon

Das dritte Trimenon beginnt mit der 25. SSW. Ab der 27. SSW öffnet der Fötus zeitweise kurz die Augen. Eine Woche später zeigen nahezu alle Föten Schreckreaktionen. Ab diesem Alter ist eine Habituation auf Reize möglich.[5] Der Fötus nimmt in den letzten zwölf SSW circa 2500 Gramm zu.[6] Aufgrund der zunehmenden Enge in der Gebärmutter im dritten Trimenon nehmen generalisierte Bewegungen ab und es können Ruhe-

---

[3] B. Herpetz-Dahlmann Seite 90

[4] Gerd Mietzel Seite 76

[5] B. Herpetz-Dahlmann Seite 90

[6] Gerd Mietzel Seite 76

Phasen von bis zu 45 Minuten auftreten. Das liegt zudem an der zunehmenden neurologischen Reifung des Fötus. Jedoch nehmen die Mundbewegungen im dritten Trimenon zu, womit die Grundlagen für das Überleben außerhalb der Gebärmutter gelegt werden. Der Fötus vollzieht in Ruhephasen vermehrt Öffnung und Schließung des Mundes, sowie Vor- und Rückwärtsbewegungen der Zunge. Letzteres ist für das postnatale Saugen an der Brust überlebenswichtig.[7] Eine weitere Maßnahme für das postnatale Leben ist die Bildung einer Fettschicht auf der Haut. Damit schützt sich der Fötus vor den Temperaturunterschieden postnatal. Eine durchschnittliche Schwangerschaft endet nach 40 Wochen. Im Schnitt misst ein Neugeborenes 3200 Gramm und 50 cm.[8]

---

[7] B. Herpetz-Dahlmann Seite 91

[8] Gerd Mietzel Seite 76

3 Neurobiologische Grundlage der psychischen Entwicklung

Im Embryo beginnt die Entstehung hochkomplexer Netzwerke. Nervenzellen stellen die Verbindung der kognitiven und psychischen Prozesse durch neuroelektrische und neurochemische Aktivitäten in kleinen und größeren Netzwerken im Gehirn her. Genetische Informationen sind die Grundlage bei der Entstehung des Nervensystems. Negative Einflüsse bewirken eine Veränderung der neuronalen Verschaltung, die die Entwicklung der Persönlichkeit beeinflussen und die Entstehung psychischer Erkrankungen hervorrufen kann. Mit Beginn der dritten Woche entwickeln sich im Gehirn drei Keimblätter; Endoderm, Mesoderm und Ektoderm. Das Oberflächenektoderm und die zentral gelegene Neuralplatte sind das Ektoderm. Das Zentralnervensystem entsteht aus der Neuralplatte und die Epidermis entwickelt sich aus dem Oberflächenektoderm. Während der Neurulation, nach der vierten SSW, entsteht das Neuralohr aus der verlängerten Neuralplatte. Das Rückenmark hat seinen Ursprung im hinteren Teil des Neuralohrs. Ab einem Alter von fünf Wochen werden die fünf grundlegenden Hirnstrukturen erkennbar: Großhirn, Zwischenhirn, Mittelhirn, Hinterhirn und Nachhirn. Die Nervenzellen wandern im Großhirn in Richtung der Hirnoberfläche. Dadurch entsteht die Hirnrinde und die Nervenzellen spezialisieren sich auf bestimmte Transmitter. Die Verbindung der Nervenzellen findet über deren Fortsätze, die Axonen, statt. Axone dienen der Informationsweiterleitung, mittels elektrischer Impulse. Zunächst wandern die Axone an vielen Partnerzellen vorbei, die nicht für sie passend sind. Aufgrund chemischer Erkennungssignale wissen die Axone in welche Hirnregion sie wandern müssen. Haben sie diese gefunden, erkennen sie wegen spezifischer Moleküle die Zielzellen auf der

Zelloberfläche. Es bilden sich Kontaktstellen, sogenannte Synapsen, zwischen den Zellen. Die beschriebenen Prozesse werden primär infolge der Gene bestimmt, hängen jedoch auch von äußeren Einflüssen ab. Es entstehen zu viele neuronale Verschaltungen. Wenn eine synaptische Verbindung gebraucht wird, dementsprechend aktiv ist, dann wird diese stabilisiert. Wenn eine synaptische Verbindung inaktiv ist, so bildet sich das Axon wieder zurück. Je weiter die Reifung des Gehirns ist, desto mehr Erfahrungen sind mit der Außenwelt vorhanden und desto kräftiger und strukturierter sind die Axone.

4 Spezifische Unterschiede in der strukturellen Hirnreifung

Es gibt einen Zusammenhang zwischen den Strukturen und Eigenschaften der sich in der Entwicklung befindlichen Hirnrinde und den speziellen Unterschieden in deren Funktionen. Beispielsweise ist der cinguläre Cortex bei Menschen mit einer Disposition zu Furcht und interpersonaler Schüchternheit vergrößert. Pränatale, frühe postnatale Erfahrungen und die Gene bestimmen die speziellen strukturellen und funktionellen Unterschiede des Gehirns. Sie geben an, ob eine Stabilisierung oder Eliminierung der Synapsen stattfindet.

5 Das neurologische Vier-Ebenen-Modell der Persönlichkeit

Die Persönlichkeit jedes Einzelnen hängt von den verschiedenen Hirnstrukturen ab. Die meisten sind dem limbischen System zugehörig. Es beeinflusst unser individuell-egoistisches und soziales Handeln, da dort Affekte, Gefühle, Motive, Handlungsziele, Empathie, Moral und Ethik gebildet werden. Das limbische System umfasst drei in Funktion und Struktur verschiedene Ebenen. Dort kommunizieren Gene, die persönlichkeitsrelevant sind, mit der Umwelt. Die letzte Ebene basiert auf den funktionellen Fähigkeiten des Neocortex. Dieser führt die kognitiven Leistungen, wie die Wahrnehmung, das Erkennen, das Denken, die Intelligenz, die Vorstellung, die Erinnerung und die Handlungsplanung herbei. Ein bedeutsamer Anhaltspunkt der Persönlichkeit findet sich in der Korrelation (Wechselwirkung) zwischen dem limbisch-emotionalen und dem kognitiven System.

5.1 Vegetativ-affektive Ebene

Die vegetativ-affektive Ebene wird als unterste Ebene der Persönlichkeit beschrieben. Dargestellt wird sie von der limbisch-vegetativen Grundachse. Die Grundachse besitzt die Aufgabe den Stoffwechselhaushalt, den Kreislauf, den Blutdruck, die Temperatur, das Verdauungs- und Hormonsystem, die Nahrungs- und Flüssigkeitsaufnahme und den Schlaf-Wach-Rhythmus zu regulieren. Damit ist sie die Basis für die biologische Existenz. Auch Flucht und Erstarren, Angriffs- und Verteidigungsverhalten, Wut, Sexualverhalten und Aggressivität werden als elementare affektive Verhaltensweisen und Empfinden mit dieser Ebene reguliert. Die Ebene wird hauptsächlich infolge der Gene gesteuert, die äußeren Einflüsse haben keine bedeutsame Wirksamkeit. Die Affektzustände dieser Ebene werden durch den Willen erst beeinflussbar und willkürlich, wenn sie der Großhirnrinde übermittelt werden. Diese ist bewusstseinsfähig. Die vegetativ-affektive Ebene legt mit der spezifischen Ausbildung des Charakters der dazugehörigen Strukturen des Gehirns die Bestandteile des Temperaments fest.

5.2 Ebenen der emotionalen Konditionierung und des individuellen emotionalen Lernens

Diese Ebene steht über der Ersten. Sie ist die der gefühlsbestimmten Konditionierung und des spezifischen gefühlsbestimmten Lernens. Die Gehirnstrukturen basolaterale Amygdala und das mesolimbische System sind für diese Ebene bedeutsam. Das mesolimbische System stellt die Verbindung zwischen Aufnahme und Verarbeitung des ursprünglich zu belohnenden Ereignisses her. Das zelebrale Belohnungssystem setzt bei Befriedigung und Freude hirneigene Stoffe frei, die Lust erzeugen. Die basolaterale Amygdala beinhaltet die Verknüpfung, die auf Erfahrungen aufbaut. Dazugehörig sind Ereignisse, die emotional, verneinend, bejahend oder überraschend sind. Zudem beinhaltet sie die kongenitalen Grundgefühle der Angst, Abwehr, Furcht und Überraschung. Wenn Ziele oder Ereignisse in der Vergangenheit Qualität oder Quantität bestätigt haben, dann wird unser Verhalten infolge der Freisetzung von Dopamin motiviert. Die Ebene entwickelt sich nach der ersten noch in der pränatalen Zeit sowie größtenteils in der postnatalen Zeit weiter. Es bilden sich die allgemeinen Strukturen unseres Selbstbildnisses, Beziehungsfähigkeit und die grundsätzliche Rubrik des Guten und Schlechten.

5.3 Ebene der bewussten, überwiegend sozial vermittelten Emotionen

Die dritte Ebene beinhaltet die sozial übertragbaren und die bewussten Emotionen. Sie sind in den limbischen Bereichen der Großhirnrinde repräsentiert. Dazugehörend sind der insuläre, der cinguläre und der orbitofrontale Cortex. Die Empathie und der eigene körperliche Zustand, wie beispielsweise Schmerz und Erregung, werden durch den insulären Cortex erkennbar. Der anteriore cinguläre Cortex (ACC) führt unterschiedliche Emotionen, wie zum Beispiel Motivation und Fehlerbewertungen zusammen und prägt viele kognitive, motorische, viszerale und endokrine Prozesse. Zudem werden Risiken anhand des ACC wahrgenommen, bewertet und das vermeidende Verhalten entwickelt. Die multipelsten Eigenschaften vermitteln der orbitofrontale Cortex (OFC) und der ventromediale frontale Cortex (VMC). Der OFC ist für die Anpassung an eine überraschende Situation zuständig und für die Bewertung und Regulation des Verhaltens bezüglich eventueller Folgen verantwortlich. Wenn eine Schädigung des OFC aus der Kindheit vorliegt, dann empfinden die Betroffenen typischer Weise keine Reue. Im Vergleich zu der vegetativ-affektiven Ebene und den egozentrischen kindlichen Antrieben der zweiten Ebene hemmen OFC und VMC Impulse. Es bilden sich moralische und ethische Elemente, sowie auf der Basis von gesellschaftlich vermittelter Erfahrung die willentlichen Anteile des Selbst und des affektiv-emotionalen Ichs. Der OFC ist der Hirnteil, der die längste Zeit zur Ausreifung beansprucht.

5.4 Kognitiv-sprachliche Ebene

Die vierte Ebene, die kognitiv-sprachliche, die sich im Neocortex befindet, steht den drei soeben dargestellten Ebenen im limbischen System gegenüber. In dieser Ebene sind die kognitiven Areale des präfontalen Cortex (PFC), vor allem der dorsolaterale präfontale Cortex (dlPFC). Im dlPFC befinden sich das Arbeitsgedächtnis und deshalb auch die Intelligenz und der Verstand. Der Verstand beinhaltet die zeitlich-räumliche Strukturierung von Sinneswahrnehmungen, das gezielte und kontextgerechte Handeln, die Artikulierung und die Entstehung von Intentionen. Liegt eine Störung in der Entwicklung des dlPFC vor, treten Mangel bei der Intelligenz und im Problemlöseverhalten auf. Im Besonderen kann es zudem zu einer ungenügenden Einschätzung der Relevanz externer Ereignisse und zu Beschränkungen des Arbeitsgedächtnisses führen. Die Intelligenz, der Verstand und das vernünftige Ich zeichnen die kognitiv-sprachliche Ebene aus. Es werden Problematiken aufgeklärt, die Realität kontrolliert, Tätigkeiten geplant und das willentliche Ich vor sich selbst und vor den anderen Ichs gezeigt und begründet. Es findet bemerkenswerterweise keine Interaktion zwischen dem dlPFC, als Instanz von Intelligenz und Verstand und der OFC als Sitz für moralisch-ethische Kontrolle, Risikobewertung und Gefühlskontrolle statt. Daraus folgt, dass angebrachte Ratschläge und Bewusstsein einem Menschen nicht genügen, um ihn fortwährend zu prägen. Unser Sozialverhalten und unbewusste oder bewusste Anteile des Selbst werden in den vier Ebenen in differenten Dimensionen infolge von Genen oder Erfahrungen beeinflusst.

6 Neuromodulatoren und Persönlichkeit

Die Persönlichkeit setzt sich aus der individuellen Ausbildung der von den vier Ebenen übertragenden Charakteristika zusammen. Zeitgleich ist die Persönlichkeit ein Resultat einer diffizilen Interaktion unterschiedlicher psychisch wirksamer Substanzen. Diese bestimmen die Arbeit und das Zusammenspiel der einzelnen Areale der unterschiedlichen Ebenen. Neuromodulatorische Transmitter, wie beispielsweise Serotonin, Dopamin, Adrenalin/Noradrenalin und Acetylcholin, sind den psychisch wirksamen Substanzen zugehörig. Diese beeinflussen die Art und Weise der Wirkung auf die schnellen Transmitter, wie Glycin und Glutamat. Die Zellkörper neuromodulatorischer Neurone, wie Dopamin, Serotonin und Noradrenalin sind in der Brücke des Hirnstammes vorzufinden und Acetylcholin befindet sich im basalen Vorderhirn. Ihre Axone werden von dort aus in andere Areale des Gehirns geschickt und sorgen dort für eine Freisetzung der modulatorischen Substanzen. Diese gelangen zu ihren Zielzellen und verbinden sich mit den Rezeptortypen. Beständig wirkende Neuropeptide und Neurohormone, wie zum Beispiel Oxytocin oder die Stresshormone CRH und Cortisol, interagieren eng mit den neuromodulatorischen Transmittern.[9]

[9] Gerhard Roth

7 Die Unterteilung in genetische, biologische, soziale und gesellschaftliche Faktoren

Die beschriebenen neurologischen Vorgänge sind der Beleg für die Wirkungsweise der positiven und negativen Einflüsse auf die Entwicklung der Persönlichkeit des ungeborenen Kindes. Besonders beinflussbar sind die Organe, die zum Überleben nicht an erster Stelle stehen und sich deshalb über einen längeren Zeitraum entwickeln. Dazu gehören vor allem Organsysteme denen es möglich ist sich anzupassen, aus Situationen zu lernen und infolge der individuellen Erfahrungen geprägt werden. Dazu gehören das autonome und zentrale Nervensystem, das endokrine System, das vaskuläre System und das Immunsystem.[10] Die Entwicklung der Persönlichkeit ist von der speziell ausgebildeten Gehirnstruktur abhängig. Diese wird von genetischen, biologischen, sozialen und gesellschaftlichen Faktoren beeinflusst. Die Faktoren werden in eine schützende und eine belastende Kategorie unterteilt. Beim Fachbegriff Coping werden Reize unter Beeinflussung der Erfahrungen und schützender Faktoren verarbeitet. Resilienz beschreibt hingegen die erfolgreiche Adaption an erschwerenden Begebenheiten. Diese beiden Kategorien sind bedeutsam für die pränatal psychische und körperliche Entwicklung. Die genetischen Ursachen des Verhaltens sind die Basis für die Entstehung eines Menschen. Es werden die Entwicklung, die Lokalisation und die Individualität der Neurone bestimmt. Doch die Umwelt kann die funktionelle Anatomie beeinflussen. Mangelernährung, Sauerstoffmangel, Infektionen, Durchblutungsstörungen, mütterlicher Alkohol-, Nikotin- oder Drogenmissbrauch sind Umwelteinflüsse, die biologisch bedingt sind. Die sozialen Einflüsse fassen ein

---

[10] Gerald Hüther

breites Spektrum. Über die Stressachse werden die Gefühle der Mutter an das Kind übertragen. Zudem spielt der soziale Status der Mutter, ökonomische Faktoren und die familiäre Situation eine Rolle. Zu den gesellschaftlichen Faktoren werden die ökonomische Situation und die sozialen Bedingungen der Mutter gezählt. Diese prägen ihre Lebensqualität und damit auch ihr Wohlbefinden und das ihres Kindes. Aufgrund der genannten Faktoren unterliegt jedes Individuum einer spezifischen Disposition und einem entsprechenden Potenzial zur Entwicklung. Das Potenzial wird unter anderem anhand der Relation zweier Aspekte bestimmt. Der erste ist die Vulnerabilität. Sie beschreibt das Gleichgewicht zwischen Sensibilität und Abwehr. Der zweite Aspekt, die Adaptivität, ist das Gleichgewicht zwischen Stabilität und Wechsel. Die Disposition wird zudem anhand des Temperaments und der Handlungsbereitschaft definiert. Ständige Modifizierungen der Disposition finden aufgrund von sozialen, genetischen, biologischen und psychischen Schutz- und Belastungsfaktoren statt. Die Persönlichkeit setzt sich aus der Disposition, den aktuellen Umweltfaktoren und den individuellen Geschehnissen im Leben zusammen. Das Ich wird in diesem Zusammenhang als eine lebendige, sich stetig weiterentwickelnde und zu bewältigende Struktur definiert. Das subjektive Ich entsteht mit der Selbstbestimmung, der Erfahrung von Begrenztheit, Beständigkeit und Folgerichtigkeit. Es entwickelt sich anhand der selbstreflektierten Bestätigung zur Identität. Normen, Standards und Zielvorstellungen werden beurteilt, wenn ein Abwägen zwischen dem Fremd- und dem Idealselbst infolge von der Interaktion zwischen dem Sozialen, dem Psychologischen, dem Handelnden und dem Körperselbst mit der Umwelt geschieht.[11]

---

[11] Leonard Thun-Hohenstein

7.1 Die genetischen und biologischen Faktoren

7.1.1 Ernährung

Einen der bedeutsamsten biologischen Einflüsse stellt die Ernährung dar. Sie ist zugleich eine wesentliche präventive Maßnahme gegen Adipositas und Diabetes mellitus Typ 2. In den letzten 20 bis 30 Jahren ist ein starker prozentualer Anstieg der Menschen mit Adipositas und Diabetes mellitus Typ 2 zu erkennen, der allein genetisch nicht erklärbar ist. Es hat sich herausgestellt, dass sich Übergewicht und/oder Gestationsdiabetes der Mutter bis in die Gene des Neugeborenen festschreiben und bereits in einem erhöhten Geburtsgewicht des Neugeborenen zum Ausdruck kommen. Zudem stellt Übergewicht einen eigenes Risiko für den Geburtsmechanismus dar. Der Spruch „Du musst für zwei essen, du bist jetzt schwanger!", sollte von einer Schwangeren nicht auf die Kalorienmenge bezogen werden. Eine normalgewichtige Schwangere muss zusätzlich 200 bis 300 kcal pro Tag zu sich nehmen. Hat eine übergewichtige Frau den Wusch ein Kind zu bekommen, ist eine Gewichtsregulierung ratsam. Eine Schwangere mit Normalgewicht nimmt während der Schwangerschaft 11,5 bis 16 Kilogramm zu und sollte diese Angaben nicht weit über- oder unterschreiten. Ein relativ neues Gebiet der Forschung ist die "Perinatale Programmierung". Diese erforscht, wie Umweltfaktoren Organe funktionell für das weitere Leben prägen. Tritt dies ein, so ist es möglich, dass sich daraus chronische Erkrankungen, wie Adipositas, Herz-Kreislauf- und Stoffwechselerkrankungen oder Diabetes mellitus entwickeln. Unabhängig davon ob die Mutter immer eine zu hohe Energiezufuhr hat oder nur in der Zeit der Schwangerschaft, nimmt dies erheblichen Einfluss auf das Geburtsgewicht. Das Risiko ein Kind zwischen 4000 und 4500

Gramm zur Welt zu bringen ist bei Übergewichtigen mehr als verdoppelt und bei Adipösen mehr als verdreifacht.[12] Leidet eine Schwangere an Diabetes mellitus, hat auch der Embryo eine erhöhte Glukosekonzentration im Blut. Daraufhin produziert auch sein Körper vermehrt Insulin. Dies führt zu einem erhöhten Risiko im Laufe des Lebens an einer gestörten Glukosetoleranz und infolge übermäßiger Fettproduktion an Adipositas zu erkranken,[13] da die Zellen des Sättigungszentrums im Hypothalamus langfristig an eine hohe Energiezufuhr gewöhnt werden. Daraufhin senden die Zellen postnatal Signale des Hungers bei normaler Energiezufuhr aus. Zudem hat sich herausgestellt, dass ein Kind mit einem Geburtsgewicht über 4000 Kilogramm ein doppelt so hohes Brustkrebsrisiko und eine höhere Wahrscheinlichkeit hat, an Leukämie oder Hodenkrebs zu erkranken. Doch auch Neugeborene mit einem Gewicht unter 2500 Gramm sind von der Disposition zu Übergewicht und koronaren Herzkrankheiten betroffen, da der dauerhafte Energiemangel in der Gebärmutter zu einer langfristigen fehlerhaften Programmierung im Hypothalamus führt. Postnatal wird das Signal gesendet viel zu sich zu nehmen um ein Fettpolster anzulegen.[14] Die Menge der unterschiedlichen Nährstoffe ist relevant für die körperliche und psychische Entwicklung. Während einer Schwangerschaft wird eine zusätzliche Aufnahme von Omega-3-Fettsäuren, Folsäure, Jod, Eisen, Calcium, Magnesium und Vitamin D empfohlen. Wird dies nicht eingehalten, kann es zu Entwicklungsstörungen kommen[15]

---

[12] Silke Restemeyer

[13] Kirstin Bothor

[14] Julia Koch

[15] Kirstin Bothor

7.1.2 Alkohol

Einen weiteren biologischen Einfluss stellt der Konsum von Alkohol dar. Er ist in Deutschland die häufigste Ursache für angeborene geistige Behinderungen. Das fetale Alkoholsyndrom kommt doppelt so häufig vor wie das Down Syndrom. Eine aktuelle Umfrage ergab, dass 58 Prozent der Schwangeren gelegentlich Alkohol trinken. Die draus resultierenden Folgen sind im schlimmsten Fall Kleinwüchsigkeit, äußere und innere Missbildungen, Störungen der Psyche und geistige Behinderungen. Eine abgeschwächte Form zeigt sich in Störungen des Denkens und des Verhaltens sowie durch Anomalitäten im Gesicht. Alkohol kann problemlos die Plazenta passieren und gelangt so in den Blutkreislauf des Kindes. Dadurch gelangt der Alkohol auch in das Gehirn, wo er irreversible Schädigungen verursacht. Wird im ersten Trimenon Alkohol konsumiert, so sind die Folgen besonders ausgeprägt, da in dieser Zeit die Organentwicklung beginnt. Zudem steigt der Stresspegel der Mutter und somit auch der des Kindes, so dass in der Folge psychische Erkrankungen begünstigt werden.[16] Es können auch Parallelen zwischen dem mütterlichen Alkoholkonsum und der Leukämierate der Kinder gezogen werden. Den Betroffenen sieht man als Erwachsene die Anomalitäten im Gesicht nicht mehr an, aber die Beeinträchtigungen in den kognitiven Funktionen bleiben bestehen. Die Schädigungen sind auf den Sauerstoffmangel im Gewebe zurückzuführen. Der Körper benötigt zum Abbau des Alkohols vermehrt Sauerstoff. Aufgrund dessen kommt es beim Ungeborenen zu Sauerstoffmangel, der sich in einer beein-

[16] Stefanie Schramm

trächtigten Entwicklung von Organen, speziell dem Gehirn, ausdrückt.[17]

7.1.3 Rauchen

Auch passives und aktives Rauchen während der Schwangerschaft wirkt sich negativ auf die Entwicklung des Kindes aus. Die Herzfrequenz steigt an, es ist vermehrt Kohlenmonoxyd im Blut nachweisbar. Somit befindet sich auch weniger Sauerstoff im Blutkreislauf, wenn die Mutter raucht. Die Kinder rauchender Mütter liegen mit dem Geburtsgewicht bis zu 200 Gramm unter dem Normalgewicht, da es durch den verminderten Sauerstoffgehalt und die Verengung der Blutgefäße zu einer Unterversorgung der Organe kommt. Zudem ist die Wahrscheinlichkeit, dass es zu einem Abort kommt oder das Kind nach der Geburt verstirbt um 35 Prozent erhöht.[18] Weitere Folgen sind dauerhafte Schwierigkeiten beim Lernen und der Konzentration. Sie Kinder sind später oft hyperkinetisch und weisen einen schwächeren Intelligenzquotienten auf.[19]

7.1.4 Medikamente

Des Weiteren haben auch Medikamente Einfluss auf die pränatale Entwicklung. Gibt man depressiven Schwangeren Beruhigungsmittel oder Antidepressiva, gelangen diese unweigerlich über die Plazenta und die Nabelschnur in den Blutkreislauf des Ungeborenen und bewirken dort einen gestörten Hormonhaushalt. Alle chemischen Substanzen verändern langfristig die

---

[17] Gerd Mietzel Seite 85

[18] Gerd Mietzel Seite 81-82

[19] Stefanie Schramm

Neurotransmitter-Konstellation des Kindes. Erwachsen gewordene Kinder, deren Mütter Antidepressiva eingenommen haben, zeigen einen erhöhten Missbrauch von aufputschenden Mitteln. Andersherum ist das Risiko bei Erwachsenen Kindern höher, missbräuchlich beruhigende Mittel zu konsumieren, wenn die Mutter während der Schwangerschaft aufputschende Mittel zu sich genommen hatte, wie zum Beispiel koffeinhaltige Getränke. Auch zeigten Kinder die pränatal mit Antidepressiva konfrontiert wurden, eine Disposition zu Traurigkeit, da ihr Serotoninspiegel irreversibel gestört wurde. Offensichtlich haben auch Schmerzmittel während der Geburt nachhaltige Wirkungen. Sie führen zu einem gesteigerten Suchtverhalten von Alkohol oder Drogen.[20] Medikamente während der Geburt haben das Ziel der Mutter Schmerzen zu nehmen. Durch diese Substanzen kann es beim Kind zu Beeinträchtigungen kommen. Je mehr Medikamente verabreicht werden, desto größer sind deren Folgen. Gerade Föten, die zu früh und damit nicht vollständig entwickelt auf die Welt kommen, zeigen als Kinder einen verminderten Muskeltonus, eine langsamere Entwicklung der Steuerung und Defizite im intellektuellen Bereich, vor allem in der Sprachentwicklung.[21] Föten mit einem erhöhtem Risiko der Frühgeburtlichkeit, gibt man das Steroid Betamethason, ein Medikament, das die Reifung der Lunge fördert, damit die Frühchen überlebensfähig sind. Dieses Medikament nimmt Einfluss auf die Reaktionsgeschwindigkeit, die Intelligenz und auf die Aufmerksamkeitsfähigkeit, da das Medikament zu derselben chemischen Klasse gehört, wie das körpereigene Stresshormon Cortisol.[22]

---

[20] Dorit Zimmermann

[21] 9 Gerd Mietzel Seite 0-93

[22] Julia Koch

7.2 Die sozialen Faktoren

7.2.1 Stress

Soziale Einflüsse sind ein zusätzlicher Faktor für die Kindesentwicklung. Dazu zählt vor allem die Gefühlslage der Mutter. Die persönlichen Erlebnisse der Mutter und ihre Ressourcen bestimmen die Stärke der Stressreaktion auf die Schwangerschaft, ihre neue Lebenssituation. Stress wird über zwei unterschiedliche Hormonsysteme erkennbar. Die Hypothalamus-Hypophysen-Nebennierenrinden-Achse (HHNA) ist eines davon und spielt eine entscheidende Rolle bei einer Schwangerschaft. Wenn Stress auftritt, wir das Kortikotropin-Releasing-Hormon (CRH) freigesetzt. Infolge des CRH Anstiegs werden adrenokortikotrope Hormone in der Hypophyse (ACTH) frei. Daraufhin wird das Nebennierenrindenhormon Kortisol freigesetzt. Das Hormonsystem wird aufgrund einer negativen Rückkopplung der Hormone an die Hypophyse nach dem Stress wieder runtergefahren. Diese Regelkreise unterliegen in der Schwangerschaft Besonderheiten. Die Plazenta stellt zusätzliches CRH her, das sowohl den Kreislauf der Mutter als auch den des Kindes beeinflusst. Mit dem Fortschreiten der Schwangerschaft werden vermehrt alle drei Hormone der HHNA gebildet. Aufgrund des plazentaren CRH wird vermehrt das hypophysäre ACTH frei, das wiederum steigert die Produktion des Kortisols. Das Kortisol löst die Hemmung der Hormonausschüttung der Hypothalami und der Hypophysen aus und stimuliert zeitgleich die Ausschüttung des CRH. Der CRH-Spiegel steigt ab der 20. SSW an. Er hat wegen dem CRH-Bindungsprotein (CRH-BP), das für die Inaktivierung des CRH zuständig ist, jedoch keine Auswirkung auf das HHNA. Einen Monat vor der Geburt sinkt die Konzentration des CRH-BP auf ein Drittel des Anfangswertes ab. Damit steigt der CRH-Spiegel wieder an. Die Mechanismen, die durch den CRH in Gang gesetzt werden, scheinen Auswirkungen auf die Auslösung der Geburt zu haben. Zu viel Stress ist infolge des erhöhten CRH-Spiegels eine der möglichen Ursachen für eine Frühgeburt.[23] Stress wirkt sich zudem langfristig auf das Erbgut aus. Das Gen für die Glucocorticoide-Rezeptoren wird beeinflusst, sodass die Kinder postnatal schneller gestresst und zugleich ängstlicher sind. Im Übrigen ist die Disposition, an Allergien zu erkranken, bei Föten, deren Mütter gestresst waren größer.[24] Die Zellen "speichern" den Stress, indem die genetische Codierung geändert wird. Das führt zu einer langfristigen Schwächung des Immunsystems. Forscher sehen darin eventuell einen Zusammehang mit der Entstehung von Krebs.[25] Außerdem wird bei stressigen Situationen die Kampf- oder Flucht-Reaktion ausgelöst. Diese führt dazu, dass das Blut der Mutter vermehrt in die Bereiche des Körpers fließt, die bei einem Kampf oder einer Flucht beansprucht werden, wie dem Gehirn, dem Herz und den Muskeln in Armen und Beinen. Folglich gelangt weniger Blut und damit auch weniger Sauerstoff und Nährstoffe zum Ungeborenen. Eine weitere Folge von Stress ist das erhöhte Risiko an Infektionen zu erkranken, da das Immunsystem bei Stresssituation heruntergefahren wird. Zudem steigt unter Stress die Disposition Alkohol zu trinken, Schlafstörungen mit Tabletten zu regulieren oder Nikotin zu sich zu nehmen, da die Mutter angespannt ist und versucht dieser Anspannung entgegenzuwirken.[26] Die beschriebenen Folgen von Stress treten allerdings nicht schon

---

[23] B. Herpetz-Dahlmann Seite 98-99

[24] Julia Koch

[25] Dorit Zimmermann

[26] Gerd Mietzel Seite 87

bei gelegentlichem Alltagsstress auf, sondern erst wenn es zu einem dauerhaften Stress kommt, vor allem im Rahmen existenzieller Fragestellungen.[27]

7.2.2 Depression

Eine Depression der Mutter stellt auch eine potenzielle Gefahr für das Kind dar. Die Föten sind stressempfindlicher. Postnatal zeigen die Kinder eine erhöhte Nervosität und sind weniger schnell zu beruhigen als Gleichaltrige.[28] Der Grund dafür ist eine vergleichbare Änderung der HHNA wie sie im Rahmen von Stress auftritt. Infolgedessen kommt es wiederum zu Früh- und Mangelgeburtlichkeit, zu plazentaren Anomalien und Spontanaborten.

Leidet eine Mutter unter einer Depression, dann leidet darunter auch die gesunde und ausgeglichene Ernährung und die Betroffene neigt eher dazu, Suchtstoffe zu konsumieren. Föten, die 20 Wochen alt sind und per Ultraschall untersucht werden, zeigen für ihr Alter untypische Verhaltensweisen. Sie bewegen sich spontan mehr, haben eine gesteigerte Herzaktivität, schreien gehäuft und vermehrt mimische Zeichen des Missfallens.[29]

7.2.3 Glück

Wenn eine Schwangere glücklich ist, schüttet sie vermehrt Endorphine aus. Diese gelange in den Kreislauf des Kindes und führen dazu, dass es sich geborgen und sicher fühlt. Das Gefühl des Urvertrauens findet darin seinen Ursprung und ist ent-

---

[27] Stefan Eipeltauer

[28] Julia Koch

[29] B. Herpetz-Dahlmann Seite 101

scheidend für das spätere Selbstvertrauen und für das Vertrauen in das soziale Umfeld.[30]

7.3. Die gesellschaftlichen Faktoren

Darüber hinaus sind die gesellschaftlichen Faktoren für die Mutter und das Kind entscheidend. Die neue Situation der Schwangerschaft ist für die werdende Mutter auch Grund zu Anspannung und Sorge. Da rücken die Familie und das soziale Umfeld in den Vordergrund. Wird die Schwangere von Ihrer Familie und dem sozialen Umfeld geschützt und unterstützt, dann wird sie die Herausforderungen besser bewältigen können und das Risiko, dauerhaft gestresst zu sein oder an einer Depression zu erkranken, wird gesenkt. Zusätzlich sind die wirtschaftliche Situation und der soziale Status für die Entwicklung eines Kindes nicht zu unterschätzen. Erlebt die Schwangere eine Benachteiligung und Mangel, so wird sie wahrscheinlich seltener zu Vorsorge gehen, sich ungesünder und unausgeglichener ernähren, eher rauchen, öfters an chronischen Infekten leiden, leichtfertiger Medikamente einnehmen und ihr erstes Kind früh gebären.[31]

---

[30] Stefan Eipeltauer

[31] dünnes buch s 88

8 Frühförderung

Manche Eltern wollen ihr Kind schon pränatal fördern und auf das Leben in der schnelllebigen Welt vorbereiten. Sie nutzen dazu Musik und Gedichte. Vor der 20. SSW scheint dies nicht sinnvoll, da der Fötus noch nicht hören kann. In der Gebärmutter herrscht die Lautstärke einer befahrenen Autobahn, da die Nabelschnur und das Herz, die Schlagader, der Magen und der Darm der Mutter Geräusche verursachen. Zusammen macht das eine Lautstärke von 80 Dezibel aus. Wenn die Mutter nun plötzlich sehr laute Musik hört, kann das Kind eher aufgeschreckt und in seinem Schlaf-Wach-Rhythmus gestört werden, als dass es die Musik genießt.[32] Auf der anderen Seite kann ruhige und entspannende Musik, die der Umgebung in der Lautstärke angepasst häufiger durch die Bauchdecke wahrgenommen wird, durch auch postnatal auf das Kind beruhigend wirken, wenn sie erneut gespielt wird. Dies kann aber nur der Fall sein, wenn die Mutter, während sie dem Ungeborenem Musik vorspielte, auch selbst entspannt war. Ist das nicht der Fall, dann verbindet der Fötus die Musik mit Stress und Unwohlsein und beruhigt sich nicht.[33]

---

[32] Stefanie Schramm

[33] Gerald Hüther

9 Eltern-Kind-Bindung

Der Vater wird aufgrund seiner tiefen Stimme vom Fötus gehört. Er trägt zum Wohlsein des Kindes auch indirekt bei, da er die Mutter finanziell und emotional unterstützt und so Zuversicht spendet. Dadurch kann die Mutter entspannen und mit ihr auch das Kind. Wenn das Elternpaar sein noch ungeborenes Kind gedanklich in den Alltag mit einbindet, dann weist es als Kleinkind eine bessere Konfliktlösung geringere Aggressivität auf. Die Beziehung der Mutter zum Kind fängt mit der Gewissheit der Schwangerschaft an. Eine werdende Mutter entwickelt Tagträume, bei denen sie sich die Beziehung zu ihrem Kind und sich selbst als Mutter vorstellt. Sie phantasiert über die körperlichen und emotionalen Charakteristika des Kindes. Dieser Prozess befindet sich bis zu der Geburt in einer konstanten Entwicklung. Die Vorstellung, die die Mutter sich von ihrem Kind macht, stimmt so erstaunlicher Weise zunehmend mit den ersten tatsächlichen Erfahrungen mit ihrem Neugeborenen überein. Die Bindung wird zugleich von der Bindungssicherheit des Kindes selbst mit geprägt. [34]

---

[34] Daniel Steil

10 Stressvermeidung führt zu Stress

Bei allen Einflüssen ist es am wichtigsten, sich zu verinnerlichen, dass eine gesunde Frau mit einer normalen Schwangerschaft in aller Regel auch ein gesundes Kind zur Welt bringen wird. Schwangere können mit dem Wissen über die pränatalen Einflüsse auf ihr Kind zusätzlich Stress haben. [35] Ziel der Begleitung Schwangerer muss es also sein, das Vertrauen der Frauen auf die Natürlichkeit des Geschehens bei Schwangerschaft und Geburt zu stärken.

---

[35] Julia Koch

11 Fazit

Meiner Meinung nach sollte jede Schwangere die es vermag, sich mit den pränatalen Einflüssen auf die physische und psychische Entwicklung ihres Kindes beschäftigen. Es ist sehr interessant wie viele unterschiedliche Faktoren die Entwicklung des Kindes beeinflussen. Jedoch erstaunt es mich, dass das Thema noch nicht so weit und lange erforscht ist, wie es bei anderen medizinischen Themen der Fall ist. Vermutlich wird in den nächsten Jahren die Erforschung des pränatalen Lebens zunehmen. Vor allem wird die Politik großes Interesse daran haben, die Ursachen für chronische Krankheiten, wie Diabetes mellitus und Adipositas, Krebserkrankungen und psychische Erkrankungen weiter und tiefgründiger zu erforschen. Ich finde, dass das Thema „Pränatale Einflüsse auf die physische und psychische Entwicklung des Kindes" in allen Schulformen in den Unterricht eingegliedert werden sollte, damit die zukünftigen Mütter und Väter sich der Einflüsse auf ihr Kind und ihrer Verantwortung zur Mitgestaltung bewusst sind.

Anhang

Abbildung 1: limbische Zentren

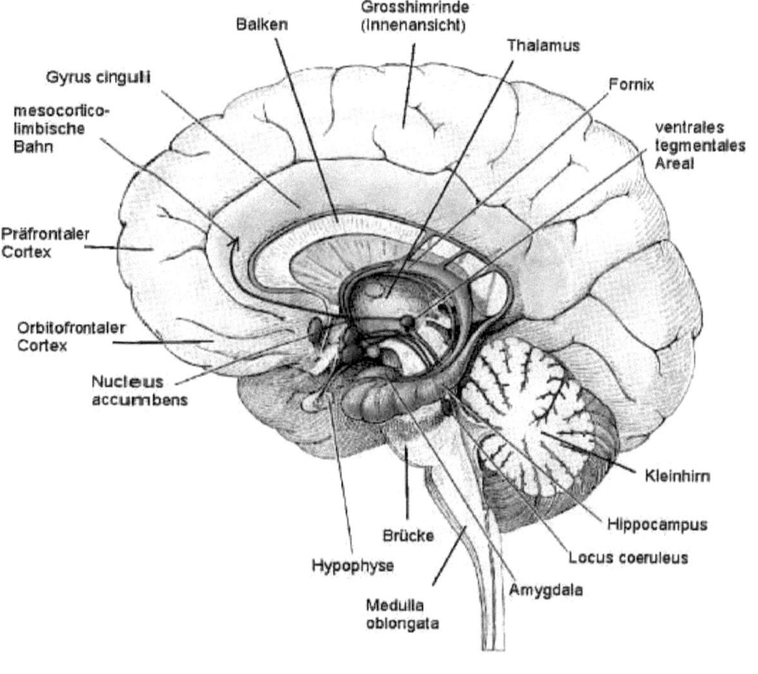

---

http://www.liss-kompendium.de/hirnforschung/Roth-Bild1.jpg

Literatur- und Quellenverzeichnis

Gerd Mietzel, Wege in die Entwicklungspsychologie, Beltz PVU, 2002

B. Herpertz-Dahlmann, Entwicklungspsychologie, Schattauer, 2008

http://www.dge.de/presse/pm/praevention-beginnt-bereits-im-mutterleib/
12.06.2017, 16:16 Uhr, Silke Restemeyer

http://www.focus.de/familie/babyentwicklung/praenatale-foerderung-welche-methoden-wirklich-helfen-und-welche-unsinn-sind_id_5202889.html
09.06.2017, 19:23 Uhr, Daniel Steil

http://www.imabe.org/index.php?id=501
12.06.2017, 17:45 Uhr, Leonhard Thun-Hohenstein

https://www.nu3.de/blog/ernaehrung-in-der-schwangerschaft-und-nutritional-programming/
08.06.2017, 20:30 Uhr, Kristin Bothor

https://www.sein.de/vorgeburtliche-praegung-wie-wichtig-ist-die-zeit-vor-der-geburt/
13.06.2017, 20:37 Uhr, Dorit Zimmermann

http://www.schwanger.at/artikel/praenatale-psychologie.html
10.06.2017, 18:08 Uhr, Stefan Eipeltauer

http://www.spiegel.de/spiegel/print/d-86505890.html
13.06.2017, 21:17 Uhr, Julia Koch

http://www.springer.com/978-3-642-20295-7
09.06.2017, 18:50 Uhr, Gerhard Roth

http://www.win-future.de/
downloads/vorgeburtlicheeinfluesseaufdiegehirnentwicklun.pdf
12.06.2017, 18:10 Uhr, Gerald Hüther

http://www.zeit.de/2007/33/M-Foetus-Kasten
08.06.2017, 16:20 Uhr, Stefanie Schramm

http://www.zeit.de/2007/33/M-Foetus-Praegung
10.06.2017, 22:00 Uhr, Stefanie Schramm

http://www.liss-kompendium.de/hirnforschung/Roth-Bild1.jpg
19.06.2017